Bibliografische Information der Deutschen Nationalbibliothek:

Die Deutsche Bibliothek verzeichnet diese Publikation in der Deutschen Nationalbibliografie; detaillierte bibliografische Daten sind im Internet über http://dnb.d-nb.de/ abrufbar.

Impressum:

Copyright © 2016 GRIN Verlag
Druck und Bindung: Books on Demand GmbH, Norderstedt Germany
ISBN: 9783346162762

Dieses Buch bei GRIN:

https://www.grin.com/document/584724

Philipp Straßer

Die Auswirkungen des Klimawandels auf den Skitourismus in den Alpen

GRIN Verlag

Universität Salzburg

Proseminar Angewandte Landschaftsökologie

Wintersemester 2015/16

Anpassung an die regionalen Folgen des Klimawandels:

Klimawandel und Skitourismus in den Alpen

Philipp Straßer

Inhaltsverzeichnis

1. Die Erschließung der Alpen

Um die nachfolgenden Kapitel, die sich mit dem Klimawandel in den Alpen und dem damit stark verbundenen Winter- und Skitourismus beschäftigen, besser verstehen zu können, muss man sich zuerst genau ansehen, wie alles begann. Mit „alles" ist die Erschließung des Alpenraumes gemeint und somit auch der aufkommende Tourismus in den Alpen, der überhaupt verantwortlich dafür war, dass die Alpen in den letzten 150 Jahren so rasant erschlossen wurden. Denn würden nicht so viele Menschen die wunderschönen Landschaften der Alpen bereisen wollen, wären infrastrukturelle Erschließungen durch den Bau von Straßen, eines Eisenbahnnetzes, Hotelanlagen und zuletzt auch von Beförderungsanlagen (Lifte) nicht notwendig gewesen und aufgrund der hohen Kosten sicher nicht durchgesetzt worden (Paster 2014: 13). Der Aufschwung des Wintertourismus und respektive der Aufschwung des Skifahrens nach dem Ersten Weltkrieg waren hier von entscheidender Bedeutung und darauf wird in den folgenden Kapiteln noch genauer eingegangen.

1.1. Historischer Rückblick

Schon seit jeher zog es die Menschen in die Alpen. Eines der besten Beispiele dafür ist wohl der 1991 von deutschen Touristen am Hauslabjoch gefundene Mann im Eis, besser bekannt unter seinem Spitznahmen „Ötzi". Schon vor über 5000 Jahren also waren Menschen in den Alpen unterwegs und nannten diese Berge ihre Heimat. Damals aus Gründen der Viehzucht, wegen den saftigen hohen Weiden, aufgrund der Wasserversorgung oder auch um an heilende Pflanzen und Mineralien zu gelangen nahmen Menschen die Gefahren der Alpen (wie etwa Lawinen, Muren oder Hochwässer) auf sich.

In der Römerzeit entstanden dann erste Straßen als Verbindungswege von Nord nach Süd durch die „wilden" Berge. Somit entwickelte sich der Handel und erste größere Siedlungen entstanden in den Haupttälern. Diese blieben auch im Mittelalter über bestehen und so gibt es in den Alpen auch heute noch viele Städte mit langer Tradition, die seit diesem ersten Aufschwung immer weiter von der Erschließung der Alpen profitiert haben (Paster 2014: 13-14).

1.2. Die neuzeitliche Erschließung

Ein wichtiger Faktor, der für Veränderung in den Alpen steht, ist sicherlich die industrielle Revolution. Sie brachte wirtschaftliche und gesellschaftliche Strukturen mit sich und war für den Übergang von der Agrar- zur Industriegesellschaft verantwortlich.

Ein weiterer Faktor, der zwar nicht immer als so wichtig angesehen wird, aber dennoch nicht zu vernachlässigen ist, ist die Eroberung des gesamten Alpenraums durch Napoleon Bonaparte. Dadurch wurden traditionelle Herrschaftsstrukturen zerschlagen und durch die Aufhebung der Grundherrschaft zwang auch die Bauern wirtschaftlich aktiv zu werden und einen Teil ihrer Erträge am Markt zu verkaufen, weil sie Steuern zahlen mussten.

Der wohl wichtigste Faktor für die Erschließung dürfte aber wohl doch die Eisenbahn gewesen sein. Durch den Bau der ersten Bahnen veränderten sich die Zahlen der Besucher schlagartig nach oben und ein neuer Erwerbszweig war in den Alpen geboren: der Tourismus. Die Menschen genossen die Fahrt im Zug durch die schöne Landschaft und machten dann zudem in den Alpentälern Urlaub. Die erste Bahn, die direkt durch die Alpen führte, war die 1867 eröffnete Brennerbahn (Paster 2014: 14).

Unschätzbaren Wert für die Erschließung der Alpen hatte auch die Entstehung der Alpenvereine. Nach dem Vorbild des elitären britischen „Alpine Clubs" gründeten drei österreichische Studenten 1862 den Österreichischen Alpenverein (ÖAV). In den darauffolgenden Jahren gab es auch in der Schweiz, Frankreich, Italien und Deutschland solche Vereinsgründungen, was zur Folge hatte, dass sich nun noch mehr um Verbindungen im Alpenraum gekümmert wurde, es entstanden erste Schutzhütten und auch das Bergführer- und Rettungswesen in den Alpen entstand (Paster 2014: 15-16).

Man sieht also, dass es viele verschiedene Faktoren waren, die zur Erschließung der Alpen beitrugen und den Weg für den heute wichtigsten Wirtschaftssektor dieser großen, nationenübergreifenden Region ebneten: den Tourismus.

2. Der Alpentourismus

Um die Entwicklung des Tourismus in den Alpen genau verstehen zu können, wird in den folgenden Unterkapiteln zunächst auf die Entstehung des Alpentourismus generell eingegangen, bevor dann im speziellen die Entwicklung des Winter- und Skitourismus betrachtet wird.

2.1. Die Anfänge des Alpentourismus

Lange Zeit wurde bei den Touristen eine Reise in den Alpenraum wegen der ganzen Strapazen als negativ und unattraktiv angesehen. Im späten 18. Jahrhundert änderte sich die Meinung der Menschen allerdings zu einem „Zurück-zur-Natur"-Gedanke. Dieser brachte den Alpinismus als weitere Bewegung in die Alpen und das Bergsteigen wurde so zu einem neuen Sport. Es ist jedoch anzumerken, dass es zwei verschiedene Arten des Bergsteigens gab. In der Zeit zwischen 1750 bis 1850 gab es noch kein Wetteifern um die schnellste Besteigung eines Gipfels, vielmehr erforschte man behutsam die Berge. Hier spricht man von einem wissenschaftlichen Alpinismus oder auch Präalpinismus. Der heute auch noch sehr populäre sportive Alpinismus hat seine Ursprünge erst Mitte des 19. Jahrhunderts. Warum genau es die Menschen auf einmal wie verrückt auf die Berge zog, kann man nicht genau sagen. Doch sicherlich wurde es als Wettkampf betrachtet, für sein Land als erster Mensch die Fahne in einen Berggipfel zu stecken (Lauterbach 2010). Dieser Sport wurde rasch zu einer Modeerscheinung und vor allem englische Lords bestiegen im 19. Jahrhundert die vielen Gipfel und erschufen den Begriff vom „Playground of Europe" (Paster 2014: 16).

2.2. Verschiedene Entwicklungsphasen

In der ersten touristischen Erschließungsphase war der Aufenthalt noch mehr Abenteuer statt Erholung. Das änderte sich aber schlagartig ab 1880, als riesige Palasthotels mit bis zu 300 Zimmern gebaut und auch erste Aufstiegshilfen errichtet wurden. Der Tourismus fand zu dieser Zeit, wenn auch nur in den bekannten großen Zentren (St. Moritz, etc.), auch schon im Winter statt und einige vermögende Gäste blieben oft mehrere Wochen bis hin zu ein paar Monaten.

In der Zwischenkriegszeit erlitten die großen Hotels herbe Rückschläge und man setzte folglich auf kleinere Hotels und private Pensionen. Nun gab es bereits vereinzelt Touristen aus der

Mittelschicht, aber für den Großteil der Bevölkerung war ein Urlaub in den Alpen weiter utopisch. In dieser Zeit reisten allerdings immer mehr Gäste auch im Winter an und es wurden erste Seilbahnen gebaut, was die Entwicklung bis in die 1970er-Jahre prägen würde (Paster 2014: 18).

Nach dem Zweiten Weltkrieg kamen auch immer mehr Menschen der Unterschicht zur Erholung in die Alpen. Ab 1955 gab es Sommermassentourismus und erst ab 1965 auch Wintermassentourismus. Der Sommertourismus übertrumpfte den Wintertourismus aber noch lange Zeit. Während der Sommertourismus aber noch lange Zeit traditionell geprägt war und auch den ansässigen Bauern entgegenkam, strebte der Wintertourismus immer nach dem Neuesten und der schnellsten Abfahrt, weshalb hier weit höhere Kosten entstanden.

2.3. Die letzten 30 Jahre

Ende des 20. Jahrhunderts stagnierte die Entwicklung in den Alpen weitestgehend (siehe Abbildung 1). Einer der Gründe dafür war, dass auf der ganzen Welt viele Grenzen geöffnet wurden und so für den Normalverbraucher eine ganze Reihe an billigen Urlaubszielen zur Verfügung standen. Ein anderer Grund war aber sicherlich auch, dass die Alpen als Urlaubsziel etwas an ihrem Reiz der vergangenen Jahre verloren hatten und nicht mehr so mystisch und faszinierend waren wie früher (Paster 2014: 18-19). Erst mit dem Aufschwung des Snowboards, den Carving-Skiern und anderen neuen trendigen Sportarten gab es im Wintertourismus wieder einen Aufschwung. Aber auch beim Sommertourismus gab es gravierende Veränderungen. So wichen die Klassiker wie Wandern und Klettern neuen trendigen Sportarten wie Mountainbiking, Rafting, Paragliding oder auch Canyoning, was zur Folge hatte, dass, wie im Wintersport bereits üblich, die Landschaft an sich nicht mehr im Vordergrund stand, sondern nur noch als Kulisse für die neuen Sportarten diente.

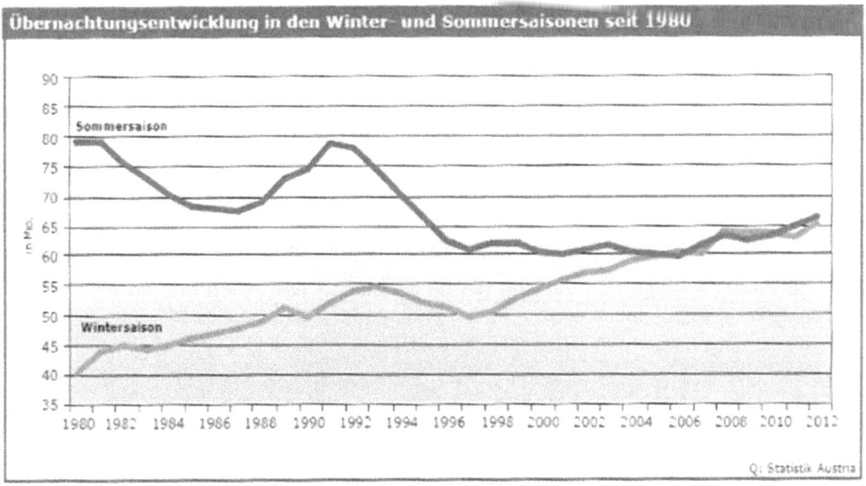

Abbildung 1: Statistik der Übernachtungen in Österreich; Quelle: Paster (2014)

Seit Beginn des neuen Jahrtausends gab es wieder zahlreiche Neuerschließungen und viele bereits vorhandene Gebiete wurden mit anderen großen Gebieten zusammengeschlossen. Das hat den Vorteil, dass man in einem Tal nächtigen kann, aber zugleich im Nachbartal Skifahren kann, ohne das Auto zu benutzen, weil die Lifte über mehrere Täler hinweg verknüpft sind. Vor allem kleine Skigebiete, die sonst vermutlich aufgelassen worden wären, profitieren stark von einem solchen Zusammenschluss (Paster 2014: 20).

Um einen Überblick zu erhalten, wie komplex das Thema Wintertourismus in den Alpen heutzutage ist, wird im nächsten Kapitel kurz auf die Entwicklung und die Anfänge des Skisports eingegangen. So wird man sich im Klaren, was für einen Stellenwert dieser Sport in der heutigen Europäischen Gesellschaft hat und was es bedeuten würde, wenn das Skifahren plötzlich nicht mehr oder nur mehr sehr schwer möglich wäre.

3. Die Entwicklung und die Anfänge des Skisports

Fast alle Menschen in den Alpen konnten mit den spärlich vorhandenen Skiern nichts anfangen, da sie sowas noch nie gesehen hatten. Erst durch den Einsatz einiger Pioniere erkannten die Menschen den eigentlichen Sinn. Was auch mithalf, dass der Skisport in Österreich und der gesamten Alpenregion populär wurde, war, dass Ende des 19. Jahrhunderts immer mehr Norweger aufgrund der verbesserten Infrastrukturen in die Alpen kamen um zu arbeiten. In Norwegen war das Skilaufen bereits verbreitet und so „lernten" sie der ansässigen Alpenbevölkerung, wie man mit diesen langen „Brettern" überhaupt umzugehen hatte (Paster 2014: 20-21). Mitentscheidend war sicherlich auch die Grönlanddurchquerung von dem Norweger Fridtjof Nansen im Jahr 1888/89. Nansen schrieb seine Erfahrungen in einem Buch auf, das zu einem der meistverkauften dieser Zeit wurde. Auch so wurde der Skisport populär und Nansen gilt als der große Bahnbrecher des modernen Skisports.

Ab Beginn des 20. Jahrhunderts wurde dann nachgedacht, wie man Touristinnen und Touristen den Aufstieg erleichtern könnte und so baute man erste Liftanlagen, die es bis dahin noch nicht gab. Präparierte Abfahrtspisten gab es allerdings auch zu dieser Zeit noch nicht.

Durch das Militär (in Österreich leistete Oberst Georg Bilgeri Pionierarbeit) wurde der Skisport immer affiner und es entwickelten sich verschiedene Techniken wie auch das heute allgemein gebräuchliche Doppelstockfahren (Paster 2014: 21). In Österreich wurden Skiläufer während des Ersten Weltkrieges vor allem als Nachschub- und Erkundungskompanien eingesetzt. Nach dem Krieg wurden die tausenden Paar Skier in Depots gelagert und schließlich billig an die breite Bevölkerung verkauft, was zu einem ersten großen Skiboom im Alpenland führte. Ein anderer wichtiger Grund, warum das Skifahren so in Mode kam, war, dass man Skier ab 1920 auch mit der Eisenbahn transportieren konnte (Paster 2014: 22). So entwickelte sich das Skifahren langsam aber sicher zu dem was es heute ist: zu einem der wichtigsten Tourismuszweige in den gesamten Alpen.

Nachdem nun ein Überblick über die Geschichte des Tourismus und des Skisports in den Alpen gegeben wurde, geht es in den nächsten Kapiteln vor allem um den Klimawandel in den Alpen und wie das Klima, das ja bekanntlich immer wärmer werden soll, den Skisport und die ganzen Skigebiete an sich beeinflussen wird.

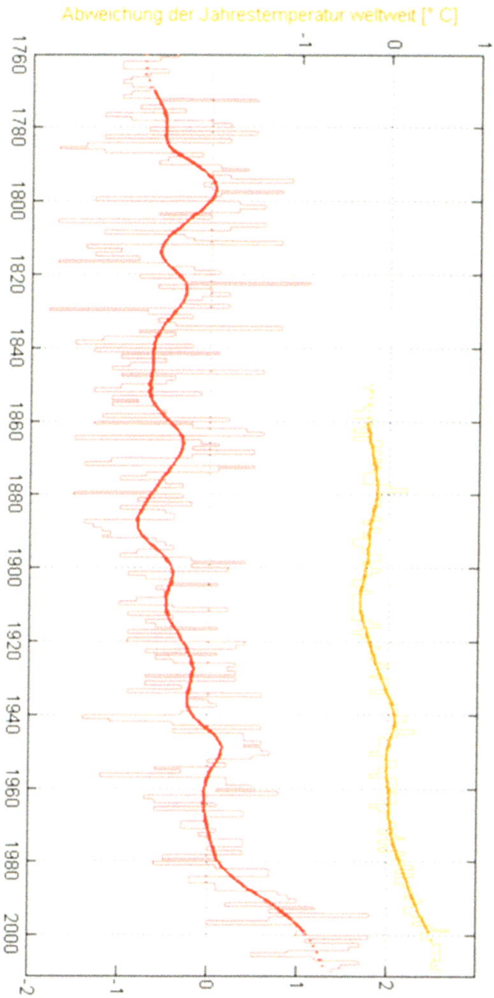

Abbildung 2: Temperaturzunahme: links die Abweichung der Jahrestemperatur im Alpenraum, rechts die weltweite Abweichung); Quelle: ZAMG

4. Klimawandel im Alpenraum

Der Alpenraum ist besonders vom aktuellen Klimawandel betroffen. Während die weltweite Durchschnittstemperatur im 20. Jahrhundert um 1°C gestiegen ist, verzeichnet der Alpenraum die doppelte Temperaturzunahme im selben Zeitraum (Siehe Abb. 1) (ZAMG o.J. a). Dieser Trend wird sich auch im 21. Jahrhundert fortsetzten. Bis zum Jahr 2050 rechnet man mit einer weiteren Zunahme um 2°C, in den südlichen Alpenbereichen fällt die Erwärmung sogar noch höher aus. Klimamodellsimulationen zeigen, dass der größte Temperaturzuwachs im Sommer stattfindet, während die Durchschnitttemperaturen der Wintermonate nicht so stark verändern werden (ZAMG o.J. b). Infolgedessen wird in den Alpen eine geringere Schneedeckendauer prognostiziert. Auch die Niederschlagsmengen werden sich ändern, im Winter wird es mehr Regen geben, während der Sommer trockener wird. Die größte Niederschlagszunahme im Winter wird für die Alpen im nordwestlichen Italien erwartet (ZAMG o.J. c).

5. Probleme für den Wintertourismus durch den Klimawandel

Tabelle 3 **Derzeitige und künftige natürliche Schneesicherheit der Alpenskigebiete auf nationaler Ebene**

Land	Anzahl der Skigebiete	Schneesicherheit unter gegenwärtigen Bedingungen	+ 1°C	+ 2°C	+ 4°C
Österreich	228	199	153	115	47
Schweiz	164	159	142	129	78
Deutschland	39	27	11	5	1
Frankreich	148	143	123	96	55
Italien	87	81	71	59	21
Insgesamt	666	609	500	404	202

Abbildung 3: Schneesicherheit; Quelle: OECD

Durch die zu erwartende, weitere Erwärmung ergeben sich Schwierigkeiten für den Wintertourismus. Vor allem die Schneesicherheit kann durch den Klimawandel nicht mehr garantiert werden. Laut der 100-Tage-Regel ist an mindestens 100 Tagen eine ausreichende Schneedecke nötig, um als Skigebiet erfolgreich zu sein. Auf Basis dieser Annahme hat man eine natürliche Schneesicherheitsgrenze für den Alpenbogen definiert. Aufgrund der unterschiedlichen klimatischen Verhältnisse schwankt diese Grenze innerhalb der Alpen. Im Osten liegt sie bei 1050 Meter, während sie im Südwesten erst bei 1500 Metern erreicht ist. Pro 1°C Erwärmung wird sich diese Grenze laut Prognosen um 150 Meter nach oben verschieben. Ein Skigebiet gilt dann als schneesicher, wenn sich die obere Hälfte der Höhenausdehnung über der natürlichen Schneesicherheitsgrenzen befindet. Zurzeit sind etwa 91% der Skigebiete in den Alpen natürlich schneesicher. Mit jedem Grad zusätzlicher Erwärmung sinkt die Zahl der schneesicheren Skigebiete drastisch, bei plus 4°C geht man nur mehr von einem Drittel aus (Siehe Abb 2). Auf nationaler Ebene betrachtet werden laut dieser Analyse vor allem Deutschland und Österreich stark betroffen sein. Dies ist vor allem darauf zurückzuführen, dass sich die Skigebiete der beiden Länder auf vergleichsweise geringen Höhen befinden. Hingegen die Skigebiete in Frankreich, Italien und der Schweiz profitieren von ihren großen Höhenlagen und sind daher weniger anfällig auf eine Erwärmung des Klimas. Natürlich ist für jedes Skigebiet auch auf lokale klimatische Bedingungen Rücksicht zu nehmen, doch werden vor allem Skibetreiber in niedrigen Lagen unter den Auswirkungen der Erderwärmung leiden (OECD 2007: 30-37).

6. Anpassungen an den Klimawandel

Abbildung 4: Anpassungen; Quelle: Pröbstl (2007)

Man unterscheidet im Wintertourismus generell drei verschiedene Strategien um mit dem Klimawandel umzugehen:

- Beibehalten und Stärken des Wintertourismus
- Ersatz für den Skisport
- Entwicklung alternativer Angebote

6.1. Beibehalten des Wintertourismus

In den folgenden Kapiteln werden oft eingesetzte Maßnahmen zur Beibehaltung des Skitourismus vorgestellt. Meist handelt es sich um technische Lösungen oder finanzielle Anpassungen an die schlechteren Bedingungen.

6.1.1. Eingriffe in die Piste

Vor allem durch technische Maßnahmen wird versucht den Wintertourismus trotz verschlechterter klimatischer Rahmenbedingungen aufrecht zu erhalten. Eine Strategie ist das Ausgleichen von Bodenunebenheiten, somit wird eine geringere Schneedeckenausprägung benötigt. Versuche aus Frankreich wiesen nach, dass Skifahren bereits ab 10 Zentimeter Schneedicke möglich ist (Pröbstl 2007: 8-9). Darüber hinaus zählt das Entfernen von Steinen oder Büschen, die sich auf der Skipiste befinden zu dieser Methode. An den Rändern der Piste werden auch Schneezäune gebaut, die das Abtragen des Schnees durch Wind verhindern sollen. Alternativ dazu werden gezielt Bäume gepflanzt, die ebenfalls als Windschutz dienen. Zusätzlich spenden diese Bäume auch noch Schatten und verhindern somit das rasche Abschmelzen durch Sonneneinstrahlung. Durch Windschutz kann eine Skipiste 15 Tage länger genutzt werden, durch Beschattung sogar bis zu 30 Tage länger (OECD 2007: 37). In Kauf nehmen muss man mit diesen Methoden allerdings die ökologischen Belastungen für den Alpenraum. Besonders betroffen sind die oberen Bergregionen, die aufgrund der kürzeren Vegetationsperiode weniger Zeit zum Regenerieren haben (Pröbstl 2007: 9). Stellen ohne Pflanzenbewuchs sind auf planierten Pisten etwa 5-mal so häufig wie auf nicht planierten Pisten. Durch die Oberflächenabtragung ist auch die folglich höhere Erosion ein Problem (OECD 2007: 38).

6.1.2. Snow-Farming

Das sogenannte Snow-Farming ist eine weitere Methode um den Skibetrieb trotz mangelnden Schneefalls zu ermöglichen. Hierbei werden Schneedepots im Frühling mit reflektierenden Planen oder Sägespäne abgedeckt und so vor der Sonneneinstrahlung geschützt. Dies geschieht meist eher in höheren Skigebieten oder auf Gletscher. Im nächsten Herbst wird der konservierte Schneevorrat dann mithilfe von Pistenraupen optimal auf die Piste verteilt. Ein Kritikpunkt am Snow-Farming ist die Zerstörung des Landschaftsbildes (Naturfreunde 2011: 14).

6.1.3. Skigebiete in höheren Lagen

Eine weitere Möglichkeit die Schneesicherheit zu garantieren bietet das Ausweichen auf höhere Lagen oder auf Gletscher. Dazu zählt auch die Neuerschließung von Hängen mit Nordausrichtung, wo die Schneedecke länger erhalten bleibt. Ein Beispiel für Projekte in diesem Bereich ist das Schweizer Skigebiet Savognin, das bis auf 2718 Meter vergrößert werden soll. Das Erweitern von Skigebieten in höhere Lagen zieht jedoch viele Nachteile mit sich. Das Erschließen von neuen Pisten ist nicht nur sehr kostspielig, viele Pistenbetreiber haben aufgrund der Topographie überhaupt nicht die Möglichkeit dies zu tun. Mit wachsender Höhenausdehnung ist auch mit einer größeren Sturmwahrscheinlichkeit und Lawinengefahr zu rechnen. Ein weiterer Faktor sind die negativen Auswirkungen auf die Natur, die umso drastischer sind, je höher die Lagen. Die Neuerschließung von Nordhängen ist ebenfalls nicht ideal, da Schifahrer sonnige Pisten bevorzugen. Eine Sonderform ist das Skifahren auf Gletschern, das ursprünglich als Alternative für den Sommer angedacht war. Langfristig bietet auch diese Strategie keine Lösung, da die meisten Gletscher in den Alpen schrumpfen. Außerdem ist eine Ausdehnung von Gletscherskigebieten oft verbunden mit Widerstand von Naturschutz Organisationen und der Bevölkerung (OECD 2007: 38-42).

6.1.4. Künstliche Beschneiung

Während der Einsatz von Kunstschnee am Anfang als Übergangslösung angesehen wurde, ist sie heute die am meisten verbreitete Strategie zur Beibehaltung des Skitourismus. In Österreich zum Beispiel war im Jahr 2007 bereits die Hälfte aller Skipisten künstlich beschneit. Schneekanonen sind für Skigebiete zwar ein probates Mittel, allerdings sind dem Einsatz natürlichen Grenzen gesetzt. Für die sinnvolle Verwendung sind derzeit Temperaturen von mindestens -2°C notwendig (OECD 2007: 42-44). Ein weiterer Nachteil ist der hohe Aufwand von Ressourcen und die daraus resultierenden ökologischen Folgen. Zur Produktion von Kunstschnee sind große Mengen an Wasser nötig. In den Alpen wurden im Jahr 2011 in etwa 95 Mio. Kubikmeter Wasser zu diesem Zweck verbraucht. Alternativ könnte man damit eine Stadt mit 1,5 Mio. Einwohnern ein Jahr lang versorgen Da die Gewässer im Winter ohnehin weniger Wasser führen ist dies eine große Belastung für den Wasserhaushalt der Alpen. In den französischen Alpen wurde nachgewiesen, dass die Wassermenge in Flüssen im Winter durch die künstliche Schneeerzeugung um bis zu 70 % verringert ist. Oft wird um die Wasserversorgung zu garantieren zusätzlich ein künstlicher Speichersee angelegt. Ein weiterer Kritikpunkt ist der enorme Stromverbrauch der sich in den Alpen pro Skisaison auf 600 Millionen Kilowattstunden beziffert (Naturfreunde 2011: 11-12). Auch die hohen Anschaffungs- und Betriebskosten sollten nicht übersehen werden. Laut der Internationalen Alpenschutzkommission CIPRA sind für einen Hektar bedeckt mit Kunstschnee durchschnittlich 136.000 Euro nötig. 2004 investierten die Skibetriebe im Schnitt 8,5% ihrer Einnahmen in künstliche Beschneiung (OECD 2007: 44). Weitere Beispiele für ökologische Folgen ist die Verwendung von Bakterienzusätzen, die die Eigenschaften des Schnees verändern sollen. Diese können beim Abschmelzen das Wachstum von Pflanzen verändern und ins Grundwasser gelangen. Generell ist das Schmelzwasser von Kunstschnee nährstoffreicher und ändert somit den natürlichen Bewuchs auf den alpinen Böden. Aber nicht nur die Flora wird durch künstliche Beschneiung beeinflusst, sondern auch die Fauna. Viele Tiere werden durch den Lärm der Schneekanonen in ihrem Winterschlaf gestört, der essentiell für ihr Überleben ist (Naturfreunde 2011: 12).

6.1.5. Wirtschaftliche Anpassungen

Neben den oben angeführten Strategien zur Weiterführung des Skitourismus gibt es auch noch einige wirtschaftlichen Anpassungen an den Klimawandel. Eine Möglichkeit ist es beispielsweise, die Öffnungszeiten an die Schneelage anzupassen. Hierbei wird der Betrieb an jenen Tagen der Saison geschlossen, die nicht profitabel sind. Vor allem bei kleineren und mittleren Skigebieten ist diese Strategie schon weitverbreitet. Noch nicht durchgesetzt haben sich im Alpenraum sogenannte Schneeversicherungen. Im Gegensatz dazu ist der Zusammenschluss mehrerer regionaler Skibetreiber die miteinander kooperieren. Diese Form der Zusammenarbeit schließt zum Beispiel das Teilen von Personal, Maschinen und Wissen ein, aber auch der Verkauf eines gemeinsamen Skipasses. Ein Konzept mit Zukunft könnte das „Wintersport Konglomerat" werden. Hierbei besitzt ein Unternehmen mehrere Skigebiete in mehreren, verschiedenen Regionen. Somit wird das finanzielle Risiko minimiert und Verluste durch die anderen Skigebiete ausgeglichen (OECD 2007: 50-54).

6.2. Ersatzangebote für den Skisport

Ein anderer Ansatz ist das Bereitstellen von Angeboten, die anstelle des Skifahrens angeboten werden. Einerseits gibt es Möglichkeiten, die eine geringere Schneedecke benötigen und andererseits schneeunabhängige Alternativen. Ersteres ist für Skibetreiber interessant um vor allem die wachsende Gruppe der Nicht-Skifahrer zufrieden zu stellen. Beispiele für Wintersport abseits der Pisten sind Schneewandern, Skilanglauf, Rodeln und Schneeschuhwandern. Um gänzlich vom Wetter unabhängig zu sein investieren viele Skigebiete in Infrastruktur, die Indoor-Aktivitäten und Dienstleistungen anbietet. Darunter versteht man neben Hallenbäder, Saunen, Fitnessstudios, Sporthallen auch Veranstaltungen im Ort, Skihütten und Einkaufsmöglichkeiten. All diese Ersatzangebote helfen zwar sich durch die Vielfältigkeit von anderen Skigebieten hervorzuheben, allerdings sind sie für Touristen nicht der Hauptgrund ein Skigebiet auszuwählen. Der wichtigste Anziehungspunkt für eine Wintertourismusregion bleibt nach wie vor der Skitourismus (OECD 2007: 54-55).

6.3. Alternative Angebote für den Skitourismus

Die dritte Strategie sieht die Abkehr vom Skitourismus hin zu einem Ganzjahres- oder sogar zu einem Sommertourismus vor. Dies beinhaltet eine Umorientierung und Neuausrichtung des touristischen Konzeptes eines Ortes (Pröbstl 2007: 10). Vor allem bei kleineren, wenig konkurrenzfähigen Skigebieten ist dies oft die beste Lösung, um weiterhin im Bereich Tourismus wirtschaftlich überlebensfähig zu bleiben. Die Verteilung der Angebote auf das ganze Jahr mindert das Risiko und die Abhängigkeit von der Schneesicherheit im Winter. Neben Ganzjahrestourismus kann es auch Sinn machen sich auf eine bestimmte Nische wie beispielsweise Kongress-, Gesundheits- oder Bildungstourismus zu fokussieren. Diese Bereiche bieten zusätzliche Unabhängigkeit vom Wetter (OECD 2007: 56).

Bereits vorhandene Infrastruktur wie Bergbahnen können auch für den Sommertourismus adaptiert werden. Mögliche Aktivitäten sind Bergwandern, Bergsteigen, Mountainbiken, Sommerrodeln, aber auch Paragliding oder Geocaching. Alternativ dazu kann man versuchen sich auf bestimmte Themenfelder zu konzentrieren. Adventure Parks, Tourismus in Schutzgebieten oder spezielle, geführte Touren sind Beispiele hierfür. Sommertourismus ist zwar ähnlich vom Wetter abhängig wie der Wintertourismus, allerdings wird aufgrund des Klimawandels eine stabilere Witterungssituation in den Alpen prognostiziert. Nachteilig wirkt sich der

Klimawandel hingegen auf alpine Sehenswürdigkeiten wie Gletscher und Eishöhlen aus. Zudem vermindert das Schmelzen des Permafrosts die Sicherheit für Touristen, Hangrutschungen und Steinschläge sind wahrscheinliche Folgen (OECD 2007: 56-59).

Ein bekanntes Beispiel für einen gelungenen Rückzug aus dem Skitourismus ist das bayrische Immenstadt. Schon in den 90-er Jahren beschloss man aufgrund von mangelnder Rentabilität den Ski Tourismus aufzugeben. Die Anlagen wurden abgebaut und die Flächen wieder renaturiert. Man entschloss sich für den Ganzjahrestourismus mit Sommer- und Winterwanderwegen und ist damit bis heute sehr erfolgreich (Naturfreunde 2011: 16).

7. Fazit

Darf man den Meinungen von Klimaexperten glauben schenken, wird es immer wärmer werden und es wird schwierig bzw. unmöglich werden, alle Skigebiete im Alpenraum „retten" zu können. Vor allem für die niedrig gelegenen Gebiete in Deutschland und auch in Österreich wird es ganz schwierig werden zu überleben. Die Skigebiete in der Schweiz, in Frankreich und in Italien haben etwas bessere Chancen, weil sie höhergelegen sind, aber auch sie werden vom Klimawandel beeinflusst werden. Nichtsdestotrotz gibt es, wie eben dargelegt, einige Methoden, um dem Klimawandel entgegenzuwirken und das Skifahren auch in den kommenden Jahrzehnten zu sichern. Sollte auch das nicht mehr greifen, dann müssen die Betreiber, die Hoteliers und alle, die im Wintertourismus arbeiten, neue Alternativen zum Skisport anbieten, damit die vielen Touristen auch weiterhin in die Alpen kommen.

Es wird aber noch ziemlich lange Tourismus in den Alpen geben, weil sich die Menschen immer dann was Neues und Kreatives einfallen lassen, wenn es schwierig wird. Wenn man also eine Prognose abgeben will, dann kann man sagen: Ob Skifahren oder andere Angebote, die Alpen werden für Touristen immer attraktiv bleiben und es wird noch weiterhin Tourismus geben.

Literatur

- Lauterbach, Burkhart (2010): Der Berg ruft – Alpentourismus und Kulturtransfer seit dem 18. Jahrhundert. München. In: Europäische Geschichte Online (EGO), hg. vom Institut für Europäische Geschichte (IEG). Mainz. http://www.ieg-ego.eu/lauterbachb-2010-de [29.01.2016].
- Naturfreunde Österreich (Hg.) (2011): Alpiner Wintertourismus und Klimawandel. (Broschüre) Wien.
- OECD - Organisation für Wirtschaftliche Zusammenarbeit und Entwicklung (Hg.) (2007): Klimawandel in den Alpen. Anpassung des Wintertourismus und des Naturgefahrenmanagements. Paris.
- Paster, Susanne (2014): Die schitouristische Erschließung der Alpen in Österreich. Eine Analyse der Entwicklung des Schilaufs und der Seilbahnwirtschaft mit einer detaillierten Betrachtung des Bundeslandes Salzburg. Salzburg.
- Pröbstl, Ulrike (2007): Klimawandel: Zukunft und Herausforderung für den Tourismus. In: Online Fachzeitschrift Ländlicher Raum: 1-13. http://www.bmlfuw.gv.at/suchergebnisse.html?queryString=Klimawandel+tourismus [23.11.2015].
- ZAMG – Zentralanstalt für Meteorologie und Geodynamik (Hg.) (o.J. a): Lufttemperatur. http://www.zamg.ac.at/cms/de/klima/informationsportal-klimawandel/klimazukunft/alpenraum/lufttemperatur [25.11.2015].
- ZAMG – Zentralanstalt für Meteorologie und Geodynamik (Hg.) (o.J. b): Lufttemperatur. http://www.zamg.ac.at/cms/de/klima/informationsportal-klimawandel/klimavergangenheit/neoklima/lufttemperatur [25.11.2015].
- ZAMG – Zentralanstalt für Meteorologie und Geodynamik (Hg.) (o.J. c): Niederschlag. http://www.zamg.ac.at/cms/de/klima/informationsportal-klimawandel/klimazukunft/alpenraum/niederschlag [25.11.2015].

Abbildungen